Meine private Menagerie

aus den Werken von Theophile Gautier, Band 19

Théophile Gautier

(**Herausgeber:** Frederick C. de Sumichrast)

(**Übersetzer:** Frederick C. de Sumichrast)

Writat

Diese Ausgabe erschien im Jahr 2024

ISBN: 9789361466946

Herausgegeben von
Writat
E-Mail: info@writat.com

Inhalt

I
ANTIKE

ICH WURDE oft als Karikatur dargestellt , wie ich in türkischer Kleidung auf Kissen saß und von Katzen umgeben war, die mir so vertraut waren, dass sie nicht zögerten, mir auf die Schultern und sogar auf den Kopf zu klettern. Die Karikatur ist in der Tat leicht übertrieben, und ich muss gestehen, dass ich mein ganzes Leben lang Tiere im Allgemeinen und Katzen im Besonderen so sehr mochte wie jeder Brahmane oder jede alte Jungfer. Der große Byron führte selbst auf Reisen immer eine Menagerie mit sich herum und er ließ im Park von Newstead Abbey ein Denkmal für seinen treuen Neufundländer Boatswain errichten , mit einer Inschrift in Versen, die er selbst verfasst hatte . Was unsere gemeinsame Vorliebe für Hunde betrifft, kann man mich nicht der Nachahmung beschuldigen , denn diese Liebe zeigte sich in mir in einem Alter, als ich das Alphabet noch nicht kannte.

Da ich als kluger Mann derzeit mit der Erstellung einer „Geschichte der Tiere in literarischer Form" beschäftigt bin, mache ich mir diese Notizen, in denen er, soweit es meine eigenen Tiere betrifft, vertrauenswürdige Informationen finden kann.

Meine früheste Erinnerung dieser Art stammt aus der Zeit meiner Ankunft in Paris aus Tarbes. Ich war damals drei Jahre alt, daher ist es schwer, Mirecourt und Vapereau zu glauben , die behaupten, ich sei in meiner Heimatstadt „nur ein mittelmäßiger Schüler" gewesen. Mich überkam ein Heimweh von einer Heftigkeit, die niemand einem Kind zutrauen würde. Ich sprach nur unseren lokalen Dialekt, und Leute, die Französisch sprachen, „waren nicht meine eigenen Leute". Ich wachte mitten in der Nacht auf und fragte, ob wir nicht bald in unser Heimatland zurückkehren müssten.

Keine Leckerei lockte mich , kein Spielzeug konnte mich unterhalten . Auch Trommeln und Trompeten konnten meine Niedergeschlagenheit nicht lindern. Unter den Gegenständen und Wesen, die ich bedauerte, befand sich ein Hund namens Cagnotte , den wir unmöglich mitnehmen konnten. Seine Abwesenheit machte mir so zu schaffen, dass ich eines Morgens, nachdem ich meine kleinen Zinnsoldaten, mein deutsches Dorf mit seinen bemalten Häusern und meine leuchtend rote Geige aus dem Fenster geworfen hatte, im Begriff war, denselben Weg einzuschlagen, um so schnell wie möglich nach Tarbes, in die Gascogner und nach Cagnotte zurückzukehren . Im letzten Moment wurde ich an der Jacke gepackt , und Josephine, meine Amme, hatte die glückliche Idee, mir zu sagen, dass Cagnotte , der es leid war, auf uns zu warten, noch am selben Tag mit der Postkutsche kommen würde. Kinder akzeptieren das Unwahrscheinliche mit naivem Glauben;

nichts erscheint ihnen unmöglich; nur dürfen sie sich nicht täuschen lassen, denn die Festigkeit einer festen Idee in ihrem Gehirn ist unerschütterlich. Ich fragte alle fünfzehn Minuten, ob Cagnotte noch nicht gekommen sei. Um mich zu beruhigen, kaufte Josephine auf dem Pont- Neuf einen kleinen Hund, der dem Tarbes- Exemplar nicht unähnlich war. Ich war mir seiner Identität nicht sicher, aber man sagte mir , dass das Reisen Hunde sehr veränderte. Ich war mit der Erklärung zufrieden und akzeptierte den Hund vom Pont- Neuf als den echten Cagnotte . Er war sehr sanft, sehr liebenswürdig und sehr gut erzogen. Er leckte mir die Wangen, und seine Zunge scheute sich nicht, auch die Butterbrotscheiben zu lecken, die ich mir für meinen Nachmittagstee geschnitten hatte. Wir lebten in bester Eintracht miteinander.

Bald jedoch wurde der vermeintliche Cagnotte traurig, unruhig, und seine Bewegungen verloren ihre Freiheit. Er konnte sich nur schwer zusammenrollen, verlor seine fröhliche Beweglichkeit, atmete schwer und konnte nicht essen. Eines Tages, als ich ihn streichelte, spürte ich eine Naht, die an seinem Bauch entlanglief, der stark angeschwollen und sehr angespannt war. Ich rief meine Krankenschwester. Sie kam, nahm eine Schere, schnitt den Faden durch, und Cagnotte , befreit von einer Art Mantel aus gekräuseltem Lammfell, in den er von den Händlern von Pont- Neuf gesteckt worden war , damit er wie ein Pudel aussah, erschien in der ganzen erbärmlichen Gestalt und Hässlichkeit eines Straßenköters, eines nichtsnutzigen Mischlings. Er war fett geworden, und sein knappes Gewand würgte ihn. Sobald er seinen Panzer los war , wackelte er mit den Ohren, streckte die Glieder und begann fröhlich durch das Zimmer zu tollen. Seine Hässlichkeit war ihm egal, solange er sich wohl fühlte. Sein Appetit kam zurück und er machte seinen Mangel an Schönheit durch seine moralischen Qualitäten wett. In Cagnottes Gesellschaft verlor ich allmählich meine Erinnerung an Tarbes und die hohen Berge, die man von unseren Fenstern aus sehen konnte, denn er war ein echtes Kind von Paris; ich lernte Französisch und wurde auch ein durch und durch waschechter Pariser.

Der Leser darf nicht annehmen, dass ich diese Geschichte nur zu seiner Unterhaltung erfunden habe. Sie ist buchstäblich wahr und beweist, dass die Hundehändler jener Tage genauso geschickt waren wie Pferdehändler, wenn es darum ging, ihre Tiere zu vermarkten und Käufer zu finden.

Nach Cagnottes Tod mochte ich eher Katzen, weil sie sesshafter waren und das Kaminfeuer mehr liebten . Ich werde nicht versuchen, ihre Geschichte im Detail zu erzählen. Katzendynastien, so zahlreich wie die Dynastien ägyptischer Könige, folgten in unserem Haus aufeinander. Unfall, Flucht oder Tod waren abwechselnd ihre Ursache. Sie wurden alle geliebt und bedauert; aber das Leben besteht aus Vergessen, und die Erinnerung an Katzen vergeht wie die Erinnerung an Menschen.

Es ist traurig, dass das Leben dieser bescheidenen Freunde, dieser untergeordneten Brüder, in keinem Verhältnis zu dem ihrer Herren steht.

Ich werde nur eine alte graue Katze erwähnen, die sich gegen meine Eltern auf meine Seite stellte und meiner Mutter in die Knöchel biss, wenn sie mich schimpfte oder mich bestrafen wollte, und gleich zu Childebrand kommen, einer Katze aus der Romantik. Der Name genügt, um meinen Leser verstehen zu lassen, dass ich insgeheim den Wunsch verspürte, Boileau zu widersprechen , den ich damals nicht mochte, mit dem ich mich aber inzwischen versöhnt habe. Man wird sich erinnern , dass Nicolas sagt:

„Oh! Lächerliche Vorstellung von einem unwissenden Dichter
, der sich unter so vielen Helden für Childebrand entscheidet !"

Mir schien, der Mann war letzten Endes doch nicht so unwissend, da er sich einen Helden ausgesucht hatte , über den niemand etwas wusste; und außerdem kam mir Childebrand wie ein sehr langhaariger, merowingischer, mittelalterlicher und gotischer Name vor, der jedem griechischen Namen wie Agamemnon, Achilles, Idomeneus , Ulysses oder anderen dieser Art weit vorzuziehen war. Dies waren die Sitten unserer Zeit, zumindest was die jungen Leute betraf: Denn nie, um den Ausdruck zu zitieren, der im Bericht über Kaulbachs Fresken an den Außenwänden der Pinakothek in München vorkommt, nie hat die Hydra des „Perückenwesens" (*perruquinisme*) ihre Köpfe wilder erhoben, und zweifellos nannten die Klassizisten ihre Katzen Hektor, Patrokles oder Ajax.

Childebrand war ein prächtiger Gossenkater, kurzhaarig , schwarz-braun gestreift, wie die Badehose, die Saltabadil in „Le Roi " trug. amüsieren Sie sich ." Seine großen grünen Augen mit den mandelförmigen Pupillen und die regelmäßigen Samtstreifen verliehen ihm einen distanzierten, tigerhaften Blick, der mir gefiel. „Katzen sind die Tiger der armen Teufel", schrieb ich einmal. Childebrand hatte die Ehre , in einige meiner Verse einzugehen, wiederum, weil ich Boileau necken wollte :

„Dann werde ich Ihnen das Bild von Rembrandt beschreiben, das mir so gefallen hat. Und mein Kater Childebrand wird, wie es seine Gewohnheit ist, auf meinen Knien ruhen und mich ängstlich anstarren. Er wird den Bewegungen meines Fingers folgen, während er die Geschichte in der Luft skizziert, um sie deutlich zu machen."

Childebrand kam Rembrandt sehr nahe, denn die Verse waren als romantisches Glaubensbekenntnis an einen inzwischen verstorbenen Freund gedacht, der damals ein ebenso begeisterter Verehrer von Victor Hugo, Sainte-Beuve und Alfred de Musset war wie ich.

Ich muss über meine Katzen dasselbe sagen wie Don Ruy Gomez de Silva zu Don Carlos, als dieser ungeduldig wurde, als er seine Vorfahren aufzählte, angefangen mit Don Silvius, „der dreimal Konsul von Rom war", das heißt: „Ich übergehe einige, und zwar die größten", und komme zu Madame-Théophile , einer roten Katze mit weißer Brust, rosa Nase und blauen Augen, die so genannt wurde, weil sie in ehelicher Intimität mit mir lebte. Sie schlief am Fußende meines Bettes, döste auf der Armlehne meines Sessels, während ich schrieb, kam in den Garten und begleitete mich auf meinen Spaziergängen, saß beim Essen mit mir und eignete sich nicht selten die Leckerbissen auf dem Weg von meinem Teller in meinen Mund an.

vertraute mir ein Freund, der für ein paar Tage die Stadt verließ, seinen Papagei an mit der Bitte, dass ich während seiner Abwesenheit auf ihn aufpassen würde. Der Vogel, der sich in meinem Haus fremd fühlte, war mit seinem Schnabel bis ganz nach oben auf seine Stange geklettert und sah ziemlich verwirrt aus , verdrehte seine Augen, die den vergoldeten Nägeln auf Sesseln ähnelten , und runzelte die weißliche Membran, die ihm als Augenlider diente. Madame- Théophile hatte noch nie einen Papagei gesehen und war offensichtlich sehr verwirrt von dem seltsamen Vogel. Reglos wie eine ägyptische Katzenmumie in ihrem Netz aus Bändern betrachtete sie ihn mit einem Ausdruck tiefer Nachdenklichkeit und fügte alles zusammen, was sie auf den Dächern, im Hof und im Garten über die Naturgeschichte erfahren konnte. Ihre Gedanken spiegelten sich in ihrem wechselnden Blick, und ich konnte darin das Ergebnis ihrer Untersuchung lesen: „Es ist eindeutig ein Huhn."

Als sie zu diesem Schluss gekommen war, sprang sie von dem Tisch auf, an dem sie sich für ihre Untersuchungen niedergelassen hatte, und hockte sich in eine Ecke des Zimmers, flach auf dem Bauch, die Ellbogen nach außen gestreckt, den Kopf gesenkt und die muskulöse Wirbelsäule gestreckt, wie der schwarze Panther in Géromes Gemälde, und beobachtete die Gazellen auf ihrem Weg zur Tränke.

Der Papagei folgte ihren Bewegungen mit fieberhafter Angst, plusterte seine Federn auf, rasselte mit seiner Kette, hob seinen Fuß, bewegte seine Krallen und schärfte seinen Schnabel am Rand seiner Samenkapsel. Sein Instinkt warnte ihn, dass ein Feind ihn angreifen wollte.

Die Augen der Katze waren mit einer Intensität auf den Vogel gerichtet, die etwas Faszinierendes an sich hatte, und sagten deutlich in einer Sprache, die der Papagei gut verstand und die absolut verständlich war : „So grün es auch ist, dieses Huhn muss gut schmecken."

Ich beobachtete die Szene mit großem Interesse und war bereit, im richtigen Moment einzugreifen. Madame- Théophile war langsam näher gekrochen; ihre rosa Nase arbeitete, ihre Augen waren halb geschlossen, ihre Krallen waren ausgefahren und dann wieder eingezogen . Sie war voller Vorfreude wie ein Feinschmecker, der sich hinsetzt, um ein mit Trüffeln bestreutes

Hühnchen zu genießen; sie weidete sich an dem Gedanken an die erlesene und köstliche Mahlzeit, die sie gleich genießen würde, und ihre Sinnlichkeit wurde von der Vorstellung des exotischen Gerichts gekitzelt, das ihr zuteil werden sollte.

Plötzlich krümmte sie ihren Rücken wie ein Bogen, der gespannt wird , und mit einem schnellen Sprung landete sie genau auf der Stange. Der Papagei, der die Gefahr erkannte, die ihm drohte, rief unerwartet mit tiefer, sonore Bassstimme: „Hast du schon gefrühstückt, Jack?"

Diese Worte erfüllten die Katze mit unbeschreiblichem Schrecken und sie sprang zurück. Der Ton einer Trompete, das Zertrümmern eines Geschirrstapels oder ein Pistolenschuss, der an ihrem Ohr vorbeischoss, hätten die Katze nicht so erschreckt. Alle ihre ornithologischen Vorstellungen waren durcheinander.

„Und was gab es? – Einen königlichen Braten", fuhr der Vogel fort.

Der Gesichtsausdruck der Katze bedeutete eindeutig: „Das ist kein Vogel. Es ist ein Mensch. Es spricht."

„Wenn ich genug Rotwein getrunken habe ,
wirbelt und wirbelt die Kneipe noch immer."

sang der Vogel mit ohrenbetäubender Stimme, denn er hatte sofort erkannt, dass der Schrecken, den seine Worte einflößten, sein sicherstes Verteidigungsmittel war .

Die Katze schaute mich fragend an und da meine Antwort sie nicht zufriedenstellte, schlich sie sich unter das Bett und weigerte sich für den Rest des Tages herauszukommen.

Diejenigen meiner Leser, die nicht daran gewöhnt sind, Tiere als Gesellschaft zu haben, und die in ihnen, wie Descartes, bloß Maschinen sehen, werden zweifellos denken, dass ich dem Vogel und dem Vierbeiner Absichten zuschreibe, aber in Wirklichkeit habe ich ihre Gedanken nur in menschliche Sprache übersetzt. Am nächsten Tag unternahm Madame- Théophile , nachdem sie ihre Angst einigermaßen überwunden hatte, einen weiteren Versuch und wurde auf die gleiche Weise vernichtend geschlagen. Das genügte ihr, und von da an blieb sie überzeugt, dass der Vogel ein Mensch war.

Dieses zierliche und liebliche Geschöpf liebte Parfüme. Sie geriet in Ekstase, wenn sie Patchouli und Vetiver einatmete , die für Kaschmirschals verwendet wurden. Sie hatte auch eine Vorliebe für Musik. Auf einem Stapel von Partituren gebettet, hörte sie den Sängern, die am Klavier des Kritikers auftraten, mit größter Aufmerksamkeit und größter Zufriedenheit zu. Aber hohe Töne machten sie nervös, und sie versäumte es nie, dem Sänger den

Mund mit ihrer Pfote zuzudrücken, wenn die Dame das hohe A sang. Wir machten das Experiment immer aus Spaß, und es funktionierte nie. Es war völlig unmöglich, meine dilettantische Katze in dieser Hinsicht zu täuschen.

DIE WEISSE DYNASTIE

Kommen WIR zu neueren Zeiten . Eine Katze, die Mlle. Aïta de la Penuela , eine junge spanische Künstlerin, deren Studien weißer Angorakatzen die Schaufenster der Druckgrafiker schmückten und noch immer schmücken, aus Havanna mitbrachte, brachte ein zierliches kleines Kätzchen zur Welt, genau wie die Puffs, die zum Auftragen von Gesichtspuder verwendet werden, und das mir geschenkt wurde. Seine makellose Weiße brachte ihm den Namen Pierrot , und diese Bezeichnung entwickelte sich im Laufe der Zeit zu Don Pierrot von Navarra, was unendlich majestätischer war und den Beigeschmack eines Granden aus Spanien hatte.

Don Pierrot wurde, wie alle Tiere, die man streichelt und liebkost, wunderbar liebenswürdig und teilte das Leben des Haushalts mit jener Fülle an Zufriedenheit, die Katzen aus der Nähe des Kamins ziehen. Auf seinem gewohnten Platz, nahe am Feuer, sitzend, sah er wirklich so aus, als verstünde er die Unterhaltung und interessierte sich dafür. Er verfolgte die Sprecher mit den Augen und stieß ab und zu einen kleinen Schrei aus, als wolle er Einspruch erheben und seine eigene Meinung zur Literatur äußern, die den Hauptbestandteil unserer Gespräche bildete. Er mochte Bücher sehr gern, und wenn er ein aufgeschlagenes auf dem Tisch fand, legte er sich daneben, starrte aufmerksam auf die Seite und blätterte mit seinen Krallen um; dann schlief er schließlich ein, gerade als hätte er wirklich einen modischen Roman gelesen. Sobald ich meinen Stift in die Hand nahm, sprang er auf den Schreibtisch und beobachtete aufmerksam die Stahlfeder, die auf dem Papier kritzelte, und bewegte seinen Kopf jedes Mal, wenn ich eine neue Zeile begann. Manchmal versuchte er , mit mir zusammenzuarbeiten, und riss mir die Feder aus der Hand, zweifellos mit der Absicht, seinerseits zu schreiben, denn er war eine ebenso ästhetische Katze wie Hoffmanns Murr . Ich habe sogar den starken Verdacht, dass er die Angewohnheit hatte, seine Memoiren nachts in irgendeiner Gosse im Licht seiner eigenen phosphoreszierenden Augen zu verfassen . Leider sind diese Gedanken verloren gegangen.

Don Pierrot von Navarra blieb nachts immer auf, bis ich nach Hause kam, und wartete an der Innenseite der Tür auf mich. Sobald ich das Vorzimmer betrat, kam er, rieb sich an meinen Beinen, krümmte seinen Rücken und schnurrte fröhlich und freundlich. Dann begann er, vor mir herzugehen, wie ein Page, und ich bin sicher, wenn ich ihn darum gebeten hätte, hätte er meine Kerze getragen. Auf diese Weise begleitete er mich in mein Schlafzimmer, wartete, bis ich mich ausgezogen hatte, sprang aufs Bett, legte seine Pfoten um meinen Hals, rieb seine Nase an meiner, leckte mich mit seiner winzigen roten Zunge, die rau war wie eine Feile, und stieß kleine, unartikulierte Schreie aus, um unmissverständlich auszudrücken, wie sehr er sich freute, mich wiederzusehen. Wenn er mich ausreichend gestreichelt hatte und es Zeit zum Schlafen war, setzte er sich auf die Rückenlehne seines Bettes und schlief dort wie ein Vogel, der auf einem Ast sitzt. Sobald ich morgens aufwachte, kam er und streckte sich neben mir aus, bis ich aufstand.

Mitternacht war die späteste Zeit, zu der ich nach Hause gehen durfte. In diesem Punkt war Pierrot so unnachgiebig wie ein Hausmeister . Damals hatte ich mit einigen Freunden eine kleine abendliche Vereinigung namens „Die Vier-Kerzen-Gesellschaft" gegründet, wobei der Treffpunkt zufällig von vier Kerzen in silbernen Leuchtern erleuchtet wurde, die an jeder Ecke des Tisches standen. Gelegentlich war ich von der Unterhaltung so fesselnd, dass ich die Zeit vergaß, selbst auf die Gefahr hin, wie Aschenputtel zu sehen, wie sich meine Kutsche in einen Kürbis und mein Kutscher in eine große Ratte verwandelte. Zwei- oder dreimal blieb Pierrot bis zwei Uhr morgens für mich auf, aber dann nahm er Anstoß an meinem Verhalten und ging zu Bett, ohne auf mich zu warten. Dieser stumme Protest gegen meinen unschuldig unordentlichen Lebenswandel rührte mich, und von da an ging ich regelmäßig um Mitternacht nach Hause. Pierrot war jedoch nur schwer zurückzugewinnen; Er wollte sich vergewissern, dass meine Reue keine bloß vorübergehende Angelegenheit war, doch als er davon überzeugt war, dass ich mich wirklich gebessert hatte, ließ er sich herab, mich wieder in seine Gunst zu ziehen und nahm wieder seinen Nachtposten im Vorzimmer ein.

Es ist nicht leicht, die Liebe einer Katze zu gewinnen, denn Katzen sind philosophische, gesetzte, ruhige Tiere, die ihren eigenen Weg gehen, Sauberkeit und Ordnung mögen und ihre Zuneigung nicht voreilig verschenken. Sie sind durchaus bereit, Freunde zu sein, wenn Sie sich ihrer Freundschaft als würdig erweisen, aber sie lehnen es ab, Sklaven zu sein. Sie sind liebevoll, aber sie handeln aus freiem Willen und tun nichts für Sie, was sie für unvernünftig halten . Haben sie Ihnen jedoch einmal ihre Freundschaft geschenkt, ist ihr Vertrauen bedingungslos und ihre Zuneigung äußerst treu. Sie werden Ihre Gefährten in Stunden der Einsamkeit, Traurigkeit und Arbeit . Eine Katze wird einen ganzen Abend auf Ihren Knien bleiben und schnurren, glücklich in Ihrer Gesellschaft und ohne Rücksicht auf die ihrer eigenen Artgenossen. Vergeblich erklingt Miauen auf den Dächern, das sie zu einer der Katzenpartys einlädt, bei denen Ablenkungsmanöver mit Salzlake den Platz von Tee einnehmen; sie lässt sich nicht verführen und verbringt den Abend mit Ihnen. Legt man es hin, ist es im Nu wieder da, mit einem Gurren, das wie ein sanfter Vorwurf klingt. Manchmal, wenn es aufrecht vor einem sitzt, schaut es einen so sanft, so zärtlich, so schmeichelnd und so menschlich an, dass es einem fast Angst macht, denn man kann nicht glauben, dass hinter diesen Augen kein Geist steckt.

Don Pierrot aus Navarra hatte eine Gefährtin derselben Rasse, die genauso weiß war wie er selbst. Alle Ausdrücke, die ich in der „Sinfonie in Weiß-Dur" gesammelt habe, um die Idee von schneeweißem Fell wiederzugeben, würden nicht ausreichen, um eine Vorstellung vom makellosen Fell meiner Katze zu vermitteln, neben dem das Fell des Hermelins gelb ausgesehen hätte. Ich nannte sie Seraphita , nach Balzacs Swedenborg-Roman. Niemals strahlte die Heldin dieser wundersamen Legende reiner weiß , als sie mit Minna die schneebedeckten Gipfel des Falbergs erklomm. Seraphita war von verträumter und nachdenklicher Natur. Sie blieb stundenlang hellwach auf einem Kissen liegen und verfolgte mit ihren Augen mit größter Aufmerksamkeit Anblicke, die für gewöhnliche Sterbliche unsichtbar waren. Sie ließ sich gern streicheln , erwiderte Liebkosungen jedoch sehr zurückhaltend und nur bei Personen, die sie mit ihrer Zustimmung ehrte , was äußerst schwer zu erreichen war. Sie liebte den Luxus, und wir fanden sie immer zusammengerollt im neuesten Sessel oder auf dem Stoffstück, das ihren Schwanendaunenmantel am besten zur Geltung brachte. Sie verbrachte endlose Zeit mit ihrer Toilette; jeden Morgen glättete sie sorgfältig ihr Fell. Sie wusch sich mit ihren Pfoten, und jedes einzelne Haar ihres Fells, das sie mit ihrer rosigen Zunge ausgebürstet hatte , glänzte wie brandneues Silber. Wenn jemand sie berührte, entfernte sie sofort die Spuren der Berührung, denn sie konnte es nicht ertragen, zerknittert zu werden. Ihre Eleganz und ihr Stil ließen darauf schließen, dass sie eine Aristokratin war, und unter ihresgleichen musste sie zumindest eine Herzogin gewesen sein. Sie erfreute sich an Parfüms, steckte ihre kleine Nase in Blumensträuße und biss mit kleinen Freudenkrämpfen auf Taschentücher, auf die Parfüm aufgetragen worden war; sie ging auf dem Toilettentisch zwischen den Parfümfläschchen umher, roch an den Stöpseln und hätte, wenn man sie hätte dürfen, zweifellos Puder verwendet. So war Séraphita , und nie trug eine Katze einen würdigeren poetischen Namen.

kamen zufällig ein paar dieser Scheinmatrosen, die gestreifte Teppiche, Taschentücher aus Ananasfasern und andere exotische Produkte verkauften , durch die Rue de Longchamps , wo ich wohnte. Sie hatten in einem kleinen Käfig ein Paar weißer Wanderratten mit roten Augen, so hübsch, wie man nur sein konnte. Gerade damals hatte ich eine Vorliebe für weiße Tiere entwickelt, und mein Hühnerstall war nur von weißen Hühnern bewohnt. Ich kaufte die beiden Ratten, und man baute einen großen Käfig für sie, mit Innentreppen, die zu den verschiedenen Stockwerken führten, Essplätzen, Schlafzimmern und Trapezen zum Turnen. Sie waren dort zweifellos glücklicher und wohler als La Fontaines Ratte in seinem holländischen Käse.

Die sanften Geschöpfe, die, ich weiß wirklich nicht warum, kindischen Ekel erwecken, wurden erstaunlich zahm, sobald sie merkten, dass ihnen nichts Böses zugefügt wurde. Sie ließen sich wie Katzen streicheln und nahmen meinen Finger mit ihren ideal zarten kleinen rosigen Händen und leckten ihn auf die freundlichste Weise. Sie wurden am Ende unserer Mahlzeiten herausgelassen und kletterten mit erstaunlicher Geschicklichkeit und Behändigkeit die Arme, Schultern und Köpfe der Gäste hinauf und tauchten aus den Ärmeln der Mäntel und Morgenmäntel hervor. All diese sehr hübsch ausgeführten Darbietungen sollten die Erlaubnis erhalten, in den Resten des Desserts herumzustöbern. Dann wurden sie auf den Tisch gestellt, und im Handumdrehen hatten das Männchen und das Weibchen die Nüsse, Haselnüsse, Rosinen und Zuckerstücke weggeräumt. Es war höchst amüsant, ihr schnelles, eifriges Vorgehen und ihr Erstaunen zu beobachten, als sie den Rand des Tisches erreichten. Dann jedoch hielten wir ihnen ein Stück Holz hin, das bis zu ihrem Käfig reichte, und sie verstauten ihre Beute in ihrer Speisekammer.

Das Paar vermehrte sich rasch, und zahlreiche Familien, so weiß wie ihre Vorfahren, liefen die kleinen Leitern im Käfig auf und ab, so dass ich bald etwa dreißig Ratten besaß, die so zahm waren, dass sie sich bei kaltem Wetter in meine Taschen kuschelten, um sich warm zu halten, und dort vollkommen still blieben. Manchmal öffneten sich die Türen meiner Rattenstadt, und nachdem ich in das oberste Stockwerk meines Hauses gestiegen war, pfiff ich auf eine Weise, die meinen Haustieren sehr vertraut ist. Dann kletterten die Ratten, denen es schwerfällt, Treppen zu erklimmen, die Baluster hinauf, gelangten auf das Geländer, liefen im Gänsemarsch, während sie wie Akrobaten ihr Gleichgewicht hielten, den schmalen Weg hinauf, den nicht selten von Schuljungen rittlings bestiegen wurde, und kamen mit leisen Quieklauten und lebhafter Freude auf mich zu. Und jetzt muss ich eine Dummheit meinerseits gestehen. Man hatte mir so oft gesagt, der Schwanz einer Ratte sehe aus wie ein roter Wurm und verderbe das hübsche Aussehen des Tieres, dass ich mir eine aus der jüngeren Generation aussuchte und den viel gescholtenen Schwanzfortsatz mit einer glühenden Schaufel abschnitt. Die kleine Ratte überstand die Operation sehr gut, wuchs schnell und wurde zu einem imposanten Kerl mit Schnurrbart. Aber obwohl sie durch den Verlust ihres Schwanzes leichter war, war sie viel weniger beweglich als ihre Kameraden; sie war sehr vorsichtig, wenn sie Gymnastikversuche unternahm, und fiel sehr oft hin. Sie bildete immer die Nachhut, wenn die Gesellschaft die Baluster erklomm, und sah aus wie ein Seiltänzer, der versucht, ohne Balancierstange auszukommen. Dann verstand ich, wie nützlich ein Schwanz bei Ratten ist: Er hilft ihnen, das Gleichgewicht zu halten, wenn sie über Gesimse und schmale Felsvorsprünge huschen. Sie schwingen ihn als Gegengewicht nach rechts oder links, wenn sie sich nach der einen oder anderen Seite neigen; daher das ständige Wechseln, das so grundlos erscheint. Wenn man die Natur aufmerksam beobachtet, gelangt man schnell zu dem Schluss, dass sie nichts Unnötiges tut und dass man bei Versuchen, sie zu verbessern, sehr vorsichtig sein sollte.

bestimmt , wie Katzen und Ratten, zwei Rassen, die einander so feindlich gesinnt sind und von denen die eine die Beute der anderen ist, zusammenleben können. Tatsächlich kam meine Rasse wunderbar harmonisch miteinander aus. Die Katzen waren goldrichtig zu den Ratten, die jede Furcht vor ihnen verloren hatten. Die Katzen waren nie hinterlistig und die Ratten mussten nie den Verlust eines einzigen Kameraden beklagen. Don Pierrot aus Navarra mochte sie außerordentlich gern; er legte sich neben ihren Käfig und verbrachte Stunden damit, ihnen beim Spielen zuzusehen. Wenn zufällig die Zimmertür geschlossen war, kratzte und miaute er leise, bis sie geöffnet wurde und er sich zu seinen kleinen weißen Freunden gesellen konnte, die oft kamen und neben ihm schliefen. Séraphita , die zurückhaltender war und den starken Moschusgeruch der Ratten nicht mochte , beteiligte sich nicht an ihren Spielen, aber sie tat ihnen nie etwas und ließ sie ruhig an sich vorbeigehen, ohne jemals ihre Krallen auszufahren.

Das Ende dieser Ratten war seltsam. An einem stürmischen Sommertag, als das Thermometer fast 38 Grad Celsius erreichte, wurde ihr Käfig in eine mit Kletterpflanzen bedeckte Laube im Garten gestellt , da sie die Hitze sehr zu spüren schienen. Der Sturm brach mit Blitzen , Regen, Donner und Windböen los . Die hohen Pappeln am Flussufer bogen sich wie Schilf. Bewaffnet mit einem Regenschirm, den der Wind umstülpte, wollte ich gerade meine Ratten hereinholen, als mich ein blendender Blitz, der die Tiefen des Himmels zu zerreißen schien, auf der obersten Stufe, die von der Terrasse in den Garten führte, stoppte.

ein fürchterlicher Donnerschlag , lauter als der Knall von hundert Schüssen, und der Schock war so heftig, dass ich fast zu Boden geworfen wurde.

Der Sturm legte sich kurz nach der schrecklichen Explosion, aber als ich die Laube erreichte , fand ich die 32 Ratten, die mit den Zehen nach oben durch ein und denselben Blitzschlag getötet worden waren. Zweifellos hatten die Eisendrähte ihres Käfigs das elektrische Fluid angezogen und als Leiter gewirkt.

So starben die zweiunddreißig Wanderratten gemeinsam, wie sie gelebt hatten – ein beneidenswerter Tod, wie ihn das Schicksal nicht oft heimsucht!

III
DIE SCHWARZE DYNASTIE

Pierrot von Navarra, ein gebürtiger Havannaer, brauchte Treibhaustemperaturen und genoss sie im Haus; um das Haus herum jedoch erstreckten sich große Gärten, die durch offene Zäune abgetrennt waren, durch die eine Katze leicht hindurchkriechen konnte, und große Bäume wuchsen, in denen ganze Vogelschwärme zwitscherten, trillerten und sangen; so dass Pierrot manchmal EINE offen gelassene Tür ausnutzte, nachts hinausging und auf die Jagd ging, wobei er durch das vom Tau nasse Gras und die Blumen streifte. In solchen Fällen musste er warten, bis das Tageslicht hereingelassen wurde, denn obwohl er kam und unter unseren Fenstern miaute , weckten seine Rufe nicht immer die Schläfer im Haus. Er hatte eine empfindliche Brust, und eines Nachts, als es kälter als gewöhnlich war, holte er sich eine Erkältung, die bald in Schwindsucht überging. Nachdem er ein ganzes Jahr lang gehustet hatte, wurde der arme Pierrot dünn und abgemagert, und sein Fell, früher so seidig, hatte die matte Weiße eines Leichentuchs. Seine großen, durchsichtigen Augen waren zum wichtigsten Merkmal seines armen, eingefallenen Gesichts geworden; seine rote Nase war blass geworden, und er ging mit langsamen Schritten und melancholischer Miene an der Sonnenseite der Mauer entlang und beobachtete, wie die gelben Herbstblätter wirbelten und sich drehten. Man hätte schwören können, dass er sich Millevoyes Elegie vortrug. Ein krankes Tier ist ein sehr rührendes Objekt, denn es erträgt das Leiden mit so sanfter und trauriger Ergebenheit. Wir taten alles, was wir konnten, um ihn zu retten; ich rief einen sehr geschickten Arzt, der seine Brust untersuchte und seinen Puls fühlte. Ich verschrieb ihm Eselsmilch , und das arme kleine Geschöpf trank sie bereitwillig aus seiner winzigen Porzellantasse. Er blieb stundenlang auf meinem Schoß ausgestreckt wie der Schatten einer Sphinx; ich konnte seine Wirbel wie die Körner eines Kranzes fühlen, und er versuchte, meine Liebkosungen mit einem schwachen Schnurren zu erwidern, das wie ein Todesröcheln klang . Am Tag seines Todes lag er keuchend auf der Seite, erhob sich aber mit aller Kraft, kam zu mir, riss die Augen weit auf und heftete einen Blick auf mich, der inbrünstig um Hilfe flehte. Er schien zu mir zu sagen: „Du bist ein Mensch, rette mich doch!" Dann taumelte er, seine Augen waren bereits glasig, und fiel zu Boden. Dabei stieß er einen so kläglichen, verzweifelten und gequälten Schrei aus, dass es mich mit stummer Angst erfüllte. Er wurde am Ende des Gartens unter einem weißen Rosenbusch begraben , der noch heute seine Grabstätte markiert.

Séraphita starb zwei oder drei Jahre später an Krupp, den der Arzt nicht in den Griff bekommen konnte. Sie ruht unweit von Pierrot .

Mit ihr endete die Weiße Dynastie, aber nicht die Familie. Aus diesem Paar schneeweißer Katzen waren drei kohlschwarze Kätzchen hervorgegangen, deren Lösung ich anderen überlasse. Victor Hugos „Les Misérables " waren damals der letzte Schrei, und die Namen der Charaktere des Romans waren in aller Munde. Die beiden kleinen Kater hießen Enjolras und Gavroche und die Hündin Eponine . Sie waren die süßesten Kätzchen, und wir haben ihnen beigebracht, aus der Ferne geworfene Papierstücke zu apportieren und zu tragen, genau wie ein Hund es tun würde. Wir sind so weit gekommen, dass wir die Papierkugeln auf Schränke warfen oder sie hinter Kisten oder in hohen Vasen versteckten, und sie haben sie sehr hübsch mit ihren Pfoten apportiert. Als sie Jahre der Vernunft erreicht hatten, gaben sie diese frivolen Spiele auf und nahmen wieder die verträumte, philosophische Ruhe an, die das wahre Merkmal von Katzen ist.

Für die Menschen, die in einem Sklavenhalterland in Amerika landen, sind alle Neger gleich, und es ist ihnen unmöglich , sie voneinander zu unterscheiden. Für diejenigen, die sich nicht um sie kümmern, sind drei schwarze Katzen also drei schwarze Katzen und nichts weiter. Aber ein aufmerksames Auge macht keinen solchen Fehler. Die Physiognomien der Tiere sind so unterschiedlich wie die der Menschen, und ich konnte immer sagen, zu welcher bestimmten Katze das schwarze Gesicht gehörte, so schwarz wie Harlekins Maske und beleuchtet von smaragdgrünen Scheiben mit goldenen Schimmern.

Enjolras , der bei weitem der schönste der drei war, zeichnete sich durch seinen großen löwenartigen Kopf und die gut behaarten Wangen , seine muskulösen Schultern, seinen langen Rücken und seinen prächtigen Schwanz aus, der so flauschig war wie ein Staubwedel. Er hatte etwas Theatralisches und Grandioses an sich und schien zu posieren wie ein Schauspieler, der Bewunderung erregt. Seine Bewegungen waren langsam, wellenförmig und voller Majestät; er schien immer auf einen Tisch zu treten, der mit Porzellanornamenten und venezianischem Glas bedeckt war, so umsichtig wählte er den Platz, auf den er seinen Fuß setzte. Er war kein großer Stoiker und zeigte eine Vorliebe für Essen, die sein Namensvetter zu Recht hätte tadeln können. Zweifellos Enjolras , der reine und nüchterne Jüngling, hätte zu ihm gesagt, wie der Engel zu Swedenborg: „Du isst zu viel." Wir förderten diese amüsante Gefräßigkeit, die der von Affen ähnelte, eher, und Enjolras wuchs auf eine Größe und ein Gewicht heran, die bei Hauskatzen sehr ungewöhnlich sind. Dann kam ich auf die Idee, ihn wie Pudel rasieren zu lassen, um sein löwenartiges Aussehen ganz hervorzuheben. Er behielt seine Mähne und einen langen Haarbüschel am Ende des Schwanzes, und ich könnte nicht schwören, dass seine Schenkel nicht mit Koteletten-Schnurrhaaren geschmückt waren, wie sie Munito früher trug. So gestutzt, muss ich gestehen, ähnelte er viel mehr einem japanischen Monster als einem

Löwen aus dem Atlasgebirge oder vom Kap. Nie wurde eine extravagantere Fantasie am Körper eines lebenden Tieres ausgeführt ; sein kurz geschorenes Fell ließ die Haut durchscheinen, und ihre bläulichen Töne bildeten, was höchst merkwürdig war, einen seltsamen Kontrast zu seiner schwarzen Mähne.

Gavroche war eine Katze mit einem scharfen, satirischen Blick, als wolle er an seinen Namensvetter aus dem Roman erinnern. Er war kleiner als Enjolras , aber mit abrupter und komischer Beweglichkeit ausgestattet , und anstelle der Wortspiele und des Slangs des Pariser Straßenarabers erlaubte er sich die witzigsten Kapriolen, Sprünge und Possen. Ich muss hinzufügen, dass Gavroche , seinem Straßeninstinkt nachgebend, die Angewohnheit hatte, jede Gelegenheit zu nutzen, den Salon zu verlassen und sich am Hof oder sogar auf den Straßen einer Schar herumstreunender Katzen „von unbekannter Abstammung und niedriger Herkunft" anzuschließen, mit denen er an Vorstellungen von zweifelhaftem Geschmack teilnahm und dabei seinen würdevollen Rang als Havanna-Katze völlig vergaß, er war der Sohn des berühmten Don Pierrot von Navarra, eines Granden ersten Ranges Spaniens, und der Marquise Séraphita , die für ihr hochmütiges und aristokratisches Benehmen bekannt war.

Manchmal brachte er zu seinen Mahlzeiten seine schwindsüchtigen Freunde mit, die so ausgehungert waren, dass jede Rippe ihres Körpers zu sehen war und die nur noch Haut und Knochen hatten und die er auf seinen Ausflügen und Wanderungen aufgesammelt hatte, denn er war ein gutherziger Kerl. Die armen Teufel, mit angelegten Ohren, eingezogenen Schwänzen und ruhelosem Blick, in der Angst, von einem mit einem Besen bewaffneten Hausmädchen von ihrer kostenlosen Mahlzeit verjagt zu werden, verschlangen die Stücke zwei, drei und vier auf einmal und wie der berühmte Hund *Siete Aguas* (Sieben Wasser) von den spanischen Posadas leckte die Platte so sauber, als ob sie von einer holländischen Haushälterin gewaschen und geschrubbt worden wäre, die Mieris oder Gerard Dow als Vorbild gedient hatte. Immer wenn ich Gavroches Gefährten sah , musste ich an die Inschrift unter einer von Gavarnis Zeichnungen denken: „Ein nettes Los, die Freunde, mit denen man weitermachen kann!" Aber letztendlich war es nur ein Beweis für Gavroches Herzensgüte, denn er war durchaus in der Lage, den Teller selbst zu leeren.

Die Katze, die den Namen der interessanten Eponine trug , war geschmeidiger und schlanker als ihre Brüder. Ihr Aussehen war ihr eigen, was an ihrem etwas langen Gesicht, ihren leicht schrägen Augen nach chinesischer Art und ihrem Grün wie das der Augen von Pallas Athene lag, der Homer unweigerlich den Titel γλ αυκ ῶ πις verleiht, ihrer samtig schwarzen Nase, die so feinkörnig war wie eine Perigord -Trüffel, und ihren sich unaufhörlich bewegenden Schnurrhaaren. Ihr prächtiges schwarzes Fell war immer in Bewegung und schimmerte in unendlichen Veränderungen. Es gab nie ein sensibleres, nervöseres und elektrisierenderes Tier. Wenn man sie zwei- oder dreimal streichelte, sprühten im Dunkeln blaue Funken aus ihrem Fell. Sie hing sich besonders an mich, genau wie in dem Roman Eponine wird an Marius gebunden . Da ich weniger von Cosette eingenommen war als von diesem hübschen jungen Mann, akzeptierte ich die Liebe meiner anhänglichen und ergebenen Katze, die noch immer meine eifrige Begleiterin bei meinen Arbeiten und die Freude meiner Einsiedelei am Rande der Vorstadt ist. Sie trottet heran, wenn sie die Glocke läuten hört, begrüßt meine Besucher, führt sie ins Wohnzimmer, weist ihnen einen Sitzplatz, spricht mit ihnen – ja, ich meine es ernst, ich rede mit ihnen – mit einem Gurren und Winseln , das ganz anders ist als die Sprache, die Katzen untereinander verwenden und die die artikulierte Sprache des Menschen nachahmt. Sie fragen mich, was sie sagt? Sie sagt auf die einfachste Art und Weise: „Seien Sie nicht ungeduldig; sehen Sie sich die Bilder an oder plaudern Sie mit mir, wenn Ihnen das gefällt. Mein Herr wird in einer Minute unten sein." Und wenn ich hereinkomme, zieht sie sich diskret in einen Sessel oder auf das Klavier zurück und hört der Unterhaltung zu, ohne sie zu unterbrechen, wie ein wohlerzogenes Tier, das an Gesellschaft gewöhnt ist.

Die süße Eponine hat uns so viele Beweise für Intelligenz, Freundlichkeit und Geselligkeit geliefert, dass sie durch allgemeine Zustimmung zur Würde einer *Person* erhoben wurde , denn es ist klar, dass ihre Handlungen von einer höheren Ordnung der Vernunft als des Instinkts geleitet werden. Diese Würde beinhaltet das Recht, bei Tisch wie ein Mensch zu essen und nicht von einer Untertasse in einer Ecke wie ein Tier. So Eponines Stuhl steht beim Mittag- und Abendessen neben meinem, und aufgrund ihrer Größe darf sie ihre Vorderpfoten auf der Tischkante abstützen. Sie hat ihren eigenen Platz, ohne Gabel oder Löffel, aber mit ihrem Glas. Sie isst jeden Gang, der serviert wird, von der Suppe bis zum Nachtisch, wartet immer, bis sie an die Reihe kommt, und verhält sich mit einer Diskretion und Anständigkeit, die man bei Kindern häufiger antreffen würde. Sie erscheint beim ersten Klingeln, und wenn wir das Esszimmer betreten, finden wir sie bestimmt schon an ihrem Platz, auf ihrem Stuhl stehend, ihre Pfoten auf der Tischkante, und sie hält ihren kleinen Kopf zum Küssen hoch, wie eine wohlerzogene junge Dame, die höflich und liebevoll gegenüber ihren Eltern und ihren Älteren ist.

Die Sonne hat ihre Flecken, der Diamant seine Fehler und die Vollkommenheit selbst ihre kleinen Schwachstellen. Eponine , das muss man zugeben , hat eine überwältigende Vorliebe für Fisch, eine Vorliebe, die sie mit allen anderen aus ihrer Familie teilt. Das lateinische Sprichwort *Catus amat Fische , sed non vult tingieren plantas* , im Gegenteil, sie ist immer bereit, ihre Pfote ins Wasser zu stecken, um einen Seebarsch , einen kleinen Karpfen oder eine Forelle herauszufischen. Fisch macht sie fast wahnsinnig, und wie Kinder, die gierig nach dem Nachtisch suchen, neigt sie dazu, Einwände gegen die Suppe zu erheben, wenn die vorläufigen Untersuchungen, die sie in der Küche durchgeführt hat, es ihr ermöglicht haben, sicherzustellen, dass der Fisch ordnungsgemäß hereingekommen ist und es keinen Grund gibt, warum Vatel sich mit seinem Schwert durchbohren sollte. In solchen Fällen helfen wir ihr nicht beim Fischen, und ich bemerke in kaltem Ton zu ihr: „Eine Dame, die keinen Appetit auf Suppe hat, kann keinen Appetit auf Fisch haben", und das Gericht wird unbarmherzig an ihr vorbeigeschickt. Als die zierliche Eponine dann sieht, dass es kein Scherz ist, schlingt sie ihre Suppe in heißer Eile hinunter, leckt den allerletzten Tropfen der Brühe auf, steckt den kleinsten Krümel Brot oder italienische Paste weg und dreht sich mit dem stolzen Blick einer Person, die sich bewusst ist, ohne Furcht oder Vorwurf zu sein und ihre Pflicht erfüllt zu haben, zu mir um. Man reicht ihr ihren Anteil Fisch und sie verspeist ihn mit größter Zufriedenheit. Nachdem sie von jedem Gericht ein wenig probiert hat, beendet sie ihre Mahlzeit, indem sie ein Drittel eines Glases Wasser trinkt.

Wenn wir zufällig Gäste zum Abendessen haben, muss Eponine sie nicht hereinkommen sehen, um zu wissen, dass Besuch kommt. Sie schaut einfach auf ihren Platz, und wenn sie dort Messer, Gabel und Löffel liegen sieht, macht sie sich sofort davon und setzt sich auf den Klavierhocker, ihren üblichen Zufluchtsort in solchen Fällen. Diejenigen, die Tieren die Fähigkeit zum Denken absprechen, können diese scheinbar so einfache, aber doch so vielsagende Tatsache so gut erklären, wie sie können. Meine vernünftige und aufmerksame Katze folgert aus der Anwesenheit von Besteck, das nur der Mensch zu benutzen versteht, neben ihrem Teller, dass sie ihren Platz für diesen Tag einem Gast überlassen muss, und sie tut dies sofort. Sie hat noch nie einen Fehler gemacht. Nur wenn sie den betreffenden Gast gut kennt, klettert sie auf seinen Schoß und versucht, ihn durch ihre anmutigen Manieren und ihre Liebkosungen dazu zu bringen, ihr einen Leckerbissen zu schenken.

Aber genug davon; ich darf meine Leser nicht langweilen, und Geschichten über Katzen sind weniger reizvoll als Geschichten über Hunde. Dennoch glaube ich, dass ich vom Tod von Enjolras und Gavroche erzählen sollte . In den lateinischen Rudimenten gibt es eine Regel, die folgendermaßen lautet: *Sua eum perdidit Ambitio* . Von Enjolras kann man sagen: *Sua eum perdidit pinguitudo* , das heißt, sein bewundernswerter Zustand war die Todesursache. Er wurde von idiotischen Hasenzüchtern getötet . Seine Mörder kamen jedoch noch vor Jahresende auf die qualvollste Weise um; denn der Tod einer schwarzen Katze, eines ausgesprochen kabbalistischen Tieres, bleibt nie ungesühnt.

Gavroche , von einer rasenden Liebe zur Freiheit ergriffen, oder vielmehr von einem plötzlichen Schwindelanfall, sprang eines Tages aus dem Fenster, überquerte die Straße, kletterte über den Zaun des Parc Saint-James, der unserem Haus gegenüberliegt, und verschwand. Trotz unserer größten Bemühungen gelang es uns nie, wieder von ihm zu hören, und ein Schatten des Geheimnisses schwebt über seinem Schicksal ; so dass die einzige Überlebende der Schwarzen Dynastie Eponine ist , die ihrem Herrn immer noch treu ist und eine kundige Katze geworden ist.

Ihr Begleiter ist jetzt eine prächtige Angorakatze, deren graues und silbernes Fell an chinesisches geflecktes Porzellan erinnert. Er heißt Zizi , alias „Zu schön zum Arbeiten". Der schöne Kerl lebt in einer Art kontemplativem *Kief* , wie ein Theriaki unter dem Einfluss der Droge, und lässt einen an „Die Ekstasen des Herrn Hochenez " denken. Zizi liebt leidenschaftlich Musik, und er begnügt sich nicht damit, ihr zuzuhören , sondern gibt sich ihr selbst hin . Manchmal, mitten in der Nacht, wenn alle schlafen, unterbricht eine seltsame, phantastische Melodie die Stille , um die die Kreislers und die Musiker der Zukunft sie beneiden könnten. Es ist Zizi, der auf die Tastatur des Klaviers tritt, das offen gelassen wurde, und der zugleich erstaunt und erfreut ist, als er die Tasten unter seinen Schritten singen hört.

Es wäre ungerecht, Kleopatra, Eponines Tochter, nicht mit diesem Zweig in Verbindung zu bringen, deren schüchternes Wesen sie davon abhält, sich in die Gesellschaft einzumischen. Sie ist gelbbraun schwarz, wie Mummia , Atta- Crolls haarige Gefährtin, und ihre beiden grünen Augen sehen aus wie riesige Aquamarine . Sie steht normalerweise auf drei Beinen, wobei ihr viertes hoch erhoben ist wie ein klassischer Löwe, der seine Marmorkugel verloren hat.

Dies sind die Chroniken der Schwarzen Dynastie. Enjolras , Gavroche und Eponine erinnern mich an die Schöpfungen eines geliebten Meisters; nur, wenn ich „Les Misérables " wieder lese, kommen mir die Hauptfiguren des Romans vor, als seien sie von schwarzen Katzen besessen , eine Tatsache, die mein Interesse an dem Roman jedoch in keiner Weise schmälert.

IV
DIESE SEITE FÜR HUNDE

ICH WURDE oft vorgeworfen, Hunde nicht zu mögen; ein Vorwurf, der auf den ersten Blick nicht sehr ernst zu sein scheint, den ich aber dennoch reinwaschen möchte, da er eine gewisse Abneigung impliziert. Menschen, die Katzen bevorzugen, gelten bei vielen als grausam, sinnlich und verräterisch, während Hundeliebhabern nachgesagt wird, offen, treu und aufrichtig zu sein – mit einem Wort, sie besitzen alle Eigenschaften, die der Hunderasse zugeschrieben werden. Ich leugne keineswegs die Vorzüge von Médor , Turk, Miraut und anderen ansprechenden Tieren und bin bereit, die Wahrheit des von Charlet formulierten Axioms anzuerkennen : „Das Beste am Menschen ist sein Hund." Ich war Besitzer mehrerer Hunde und besitze noch immer einige. Sollte jemand von denen, die mich in Verruf bringen wollen, zu mir nach Hause kommen, würde er von einem Havanna-Schoßhund empfangen , der ihn schrill und wütend anbellt, und von einem Windhund, der ihm sehr wahrscheinlich in die Beine beißen würde. Aber meine Zuneigung zu Hunden hat unterschwellig Angst. Diese wunderbaren Geschöpfe, so gut, so treu, so ergeben, so liebevoll, können jeden Augenblick verrückt werden und dann gefährlicher als eine Lanzenotter, eine Natter, eine Klapperschlange oder eine Cobra capella . Das wirkt sich auf meine Liebe zu Hunden aus. Hunde kommen mir ein wenig unheimlich vor; sie haben einen so forschenden, eindringlichen Blick; sie setzen sich mit einem so fragenden Blick vor einen, dass es einem ziemlich peinlich ist . Goethe mochte diesen Blick nicht, der die Seele des Menschen in sich aufzunehmen scheint, und er verjagte die Hunde mit den Worten: „Ihr sollt meine Monade nicht verschlucken, so sehr ihr es auch versucht."

Der Pharao meiner Hundedynastie hieß Luther. Er war ein großer weißer Spaniel mit Leberflecken und schönen braunen Ohren. Er war ein Setter, hatte seinen Besitzer verloren und nachdem er ihn lange vergeblich gesucht hatte, war er dazu übergegangen, im Haus meines Vaters in Passy zu leben. Da er keine Rebhühner hatte, die er jagen konnte, hatte er angefangen, Ratten zu jagen , und war dabei so geschickt wie ein schottischer Terrier. Zu dieser Zeit lebte ich in jener Sackgasse des Doyenné , die heute zerstört ist, wo Gérard de Nerval , Arsène Houssaye und Camille Rogier waren die Oberhäupter einer kleinen malerischen und künstlerischen Bohème, deren exzentrische Lebensweise von anderen so gut beschrieben wurde, dass es unnötig ist, sie noch einmal zu erzählen. Da waren wir, mitten im Karussell, so unabhängig und einsam wie auf einer einsamen Insel in Ozeanien , im Schatten des Louvre, zwischen Steinblöcken und Brennnesseln, in der Nähe einer alten, verfallenen Kirche mit eingestürztem Dach, das im Mondlicht höchst romantisch aussah. Luther, mit dem ich auf sehr freundschaftlichem

Fuß stand, legte Wert darauf, mich jeden Morgen zu besuchen, da ich das väterliche Nest endgültig verlassen hatte. Er fuhr von Passy ab, egal wie das Wetter war, kam den Quai de Billy und den Cours -la- Reine hinunter und erreichte mich gegen acht Uhr, gerade als ich aufwachte. Er pflegte an der Tür zu kratzen, die ihm geöffnet wurde, und stürzte sich mit Freudenschreien auf mich, legte seine Pfoten auf meine Knie, nahm mit bescheidener und anspruchsloser Miene die Liebkosungen entgegen, die sein edles Verhalten verdiente, sah sich im Zimmer um und machte sich auf den Weg zurück nach Passy. Als er dort ankam, ging er zu meiner Mutter, wedelte mit dem Schwanz, bellte ein wenig und sagte so deutlich , als hätte er gesprochen: „Ich habe den jungen Herrn gesehen; machen Sie sich keine Sorgen; ihm geht es gut." Nachdem er der zuständigen Person das Ergebnis seiner selbst auferlegten Mission gemeldet hatte, trank er eine halbe Schüssel Wasser, aß sein Futter, legte sich auf den Teppich neben dem Stuhl meiner Mutter – denn er hegte eine besondere Zuneigung zu ihr – und schlief nach seinem langen Lauf ein oder zwei Stunden. Wie erklären nun Leute, die behaupten, dass Tiere nicht denken und nicht in der Lage sind, eins und eins zusammenzuzählen, diesen Morgenbesuch, der die Familienbeziehungen aufrechterhielt und dem Nest Neuigkeiten über den Jungvogel brachte , der es erst vor kurzem verlassen hatte?

Das Ende des armen Luther war sehr traurig. Er wurde schweigsam, mürrisch und rannte eines schönen Morgens aus dem Haus, da er die Tollwut in sich spürte und beschloss, seine Herren nicht zu beißen. Also floh er, und wir haben allen Grund zu der Annahme, dass er wie ein tollwütiger Hund getötet wurde , denn wir haben ihn nie wieder gesehen.

Nach einer ziemlich langen Zwischenzeit wurde ein neuer Hund ins Haus gebracht. Er hieß Zamore und war eine Art Spaniel, sehr gemischter Rasse, klein von Größe , mit schwarzem Fell, abgesehen von den lohfarbenen Flecken über den Augen und dem lohfarbenen Fell auf dem Bauch. Im Großen und Ganzen war er körperlich unbedeutend und eher hässlich als schön; aber moralisch war er ein bemerkenswerter Hund. Er verachtete Frauen absolut, gehorchte ihnen nicht, folgte ihnen nie, und nicht ein einziges Mal gelang es meiner Mutter oder meinen Schwestern, ihm das geringste Zeichen von Freundschaft oder Ehrerbietung abzuringen. Er nahm ihre Aufmerksamkeiten und die Leckerbissen, die sie ihm gaben, mit überlegener Miene an, aber nie brachte er seine Dankbarkeit dafür zum Ausdruck. Niemals kläffte er, nie klopfte er mit seinem Schwanz auf den Boden, nie schenkte er ihnen eine einzige jener Liebkosungen, die Hunde so gern verschwenderisch verteilen. Er blieb in einer sphinxartigen Haltung regungslos, wie ein ernster Mann, der sich nicht an der Unterhaltung leichtfertiger Personen beteiligen will. Der von ihm gewählte Meister war mein Vater, in dem er die Autorität des Hausherrn anerkannte und den er für einen reifen und ernsthaften Mann hielt. Aber seine Zuneigung zu ihm war streng und stoisch und äußerte sich nicht in Gambados, Lerchen und Leckereien. Nur behielt er ihn immer im Auge, verfolgte jede seiner Bewegungen und blieb dicht an seiner Ferse, ohne sich die kleinste Eskapade oder das geringste Nicken gegenüber vorbeikommenden Kameraden zu erlauben. Mein lieber und betrauerter Vater war ein großer Fischer vor dem Herrn und er fing mehr Barben , als Nimrod jemals Antilopen erlegte. Von seiner Angelrute konnte man sicherlich nicht sagen, dass sie eine Stange und Schnur mit einem Wurm an einem Ende und einem Narren am anderen war, denn er war ein sehr kluger Mann und füllte trotzdem täglich seinen Korb mit Fischen. Zamore begleitete ihn immer auf seinen Ausflügen, und während der langen Nachtwachen, die das Grundangeln auf die großen Fische mit sich brachte, stand er am äußersten Rand des Wassers und versuchte offenbar, seine dunklen Tiefen zu ergründen und den Bewegungen der Beute zu folgen. Obwohl er oft die Ohren spitzte bei den schwachen und entfernten Geräuschen, die man nachts in der tiefsten Stille hört, bellte er nie, da er verstanden hatte, dass Stummheit eine unverzichtbare Eigenschaft für einen Fischerhund ist . Vergeblich ragte Phoebes alabasterfarbene Stirn über dem Horizont hervor, der sich im düsteren Spiegel des Flusses spiegelte; Zamore bellte nicht den Mond an, obwohl solch ein langwieriges Heulen Geschöpfen seiner Art unendliche Freude bereitet. Nur wenn die Glocke an der Angelschnur klingelte, sah er seinen Herrn an und erlaubte sich ein kurzes Bellen, da er wusste, dass die Beute gefangen war; und er schien das größte Interesse an den Manövern zu haben , die erforderlich waren, um eine drei oder vier Pfund schwere Barbe an Land zu ziehen .

Niemand hätte vermutet, dass dieser Hund, der so ernst war, dass er beinahe melancholisch wirkte und jede Frivolität verachtete, unter seinem ruhigen, geistesabwesenden, philosophischen Blick eine überwältigende, seltsame, nie zu vermutende Leidenschaft hegte, die seinem offensichtlichen moralischen und physischen Charakter völlig zuwiderlief.

„Sie meinen doch nicht", höre ich meinen Leser ausrufen, „dass der gute Zamore versteckte Laster hatte? – dass er ein Dieb war?" Nein. „Ein Libertin?" Nein. „Dass er Kirschen in Weinbrand liebte?" Nein. „Dass er Leute biss?" Niemals. Zamore war verrückt nach Tanzen. Er war ein Künstler, der sich der choreografischen Kunst verschrieben hatte .

Seine Berufung wurde ihm auf folgende Weise bewusst. Eines Tages erschien auf dem Platz von Passy ein grauer Mock mit Wunden auf dem Rücken und Hängeohren, einer jener elenden Quacksalberärsche, die Decamps und Fouquet so gut zu malen pflegten. In den beiden Körben, die zu beiden Seiten seines wunden und markanten Rückgrats balancierten, befand sich eine Truppe dressierter Hunde, die je nach Geschlecht als Marquisen , Troubadoure, Türken, Alpenhirtinnen oder Königinnen von Golconda verkleidet waren. Der Impresario setzte die Hunde ab, ließ seine Peitsche knallen, und plötzlich verließen alle Schauspieler die horizontale und nahmen eine senkrechte Stellung ein und verwandelten sich in einen Zweibeiner. Trommel und Querpfeife erklangen, und das Ballett begann.

Zamore , der ernst herumtrödelte, blieb bei diesem Anblick ganz erstaunt stehen. Die Hunde, in auffälligen Farben gekleidet , an jeder Naht mit nachgemachter Goldspitze beflochten, mit Federhüten oder Turbanen auf dem Kopf, und die sich in einem Hexenrhythmus bewegten, der entfernt an Menschen erinnerte, erschienen ihm wie übernatürliche Wesen. Die geschickt ineinander übergehenden Schritte, das Gleiten und die Pirouetten entzückten ihn, entmutigten ihn aber nicht. Wie Correggio beim Anblick von Raphaels Gemälde rief er in seiner Hundesprache aus: „*Anch ' io son pittore !*" und als die Gruppe an ihm vorbeizog, erhob auch er sich, erfüllt von edlem Wetteifer, etwas unsicher auf seine Hinterbeine und versuchte, sich ihnen anzuschließen, zur großen Freude der Zuschauer.

Der Direktor sah das anders und ließ einen kräftigen Peitschenhieb auf Zamore niedergehen , der daraufhin aus dem Kreis getrieben wurde , so wie ein Zuschauer aus dem Theater geworfen würde, wenn er während der Vorstellung auf die Bühne steigen und am Ballett teilnehmen würde.

Diese öffentliche Demütigung tat Zamores Berufung keinen Abbruch. Er kehrte mit hängendem Schwanz und nachdenklicher Miene nach Hause zurück und war den ganzen restlichen Tag über zurückhaltender, schweigsamer und mürrischer als je zuvor. Doch mitten in der Nacht wurden meine Schwestern von leisen Geräuschen geweckt, deren Ursache sie nicht erraten konnten und die aus einem unbewohnten Zimmer neben ihrem kamen, wo Zamore normalerweise auf einem alten Sessel zu Bett gebracht wurde. Es klang wie ein rhythmischer Tritt, der durch die Stille der Nacht noch klangvoller wurde. Sie dachten zuerst, dass die Mäuse herumtollten, aber das Geräusch von Schritten und Sprüngen auf dem Boden war dafür zu laut. Die mutigste meiner Schwestern stand auf, öffnete die Tür einen Spalt und im Licht eines Mondstrahls, der durch eine Scheibe fiel, sah sie Zamore auf seinen Hinterbeinen stehen, mit seinen Vorderpfoten in der Luft herumscharrten und damit beschäftigt waren, die Tanzschritte zu lernen, die er am Morgen auf der Straße bewundert hatte. Der Herr übte !

Und es war auch nicht, wie man annehmen könnte, nur eine vorübergehende Laune, eine momentane Anziehungskraft; Zamore blieb seinen choreografischen Ambitionen treu und entwickelte sich zu einem hervorragenden Tänzer. Immer wenn er Pfeife und Trommel hörte, lief er auf den Platz, schlüpfte zwischen die Beine der Zuschauer und beobachtete mit größter Aufmerksamkeit die Übungen der dressierten Hunde. Da er sich jedoch des Peitschenhiebs bewusst war, versuchte er nicht mehr, am Tanz teilzunehmen; er merkte sich die Posen, die Schritte und die Haltungen, und dann, nachts, in der Stille seines Zimmers, arbeitete er an ihnen herum, während er tagsüber in seiner Haltung so streng blieb wie immer. Bald war er nicht mehr zufrieden mit dem Kopieren ; er begann zu komponieren, zu erfinden, und ich muss sagen, dass nur wenige Hunde ihn in diesem erhabenen Stil übertrafen. Ich beobachtete ihn oft durch die halboffene Tür; er übte mit solcher Begeisterung, dass er jeden Abend die Wasserschüssel in einer Ecke des Zimmers leerte.

Als er sich seiner selbst ganz sicher war und es mit den versiertesten vierbeinigen Tänzern aufnehmen konnte, spürte er, dass er sein Licht nicht länger unter den Scheffel stellen konnte und das Geheimnis seiner Fertigkeiten preisgeben musste. Der Hof des Hauses war auf einer Seite durch einen Eisenzaun abgeschlossen, mit ausreichend breiten Zwischenräumen, damit auch mäßig kräftige Hunde problemlos hindurch konnten. Und so trafen sich eines schönen Morgens etwa fünfzehn oder zwanzig seiner Hundefreunde, zweifellos Kenner, denen Zamore Einladungsbriefe zu seinem Debüt in der choreografischen Kunst geschickt hatte, um ein schön ebenes Quadrat glatten Bodens, das der Künstler zuvor mit seinem Schwanz gefegt hatte, und die Vorstellung begann. Die Hunde schienen entzückt zu sein und bekundeten ihre Begeisterung mit „*Ouh !*" *ouahs !* die den *Bravi der Dilettanten in der Oper* sehr ähnelten . Mit Ausnahme eines alten und ziemlich schmutzigen Pudels, der sehr elend aussah, und eines Kritikers, der wohl etwas über das Vergessen gesunder Traditionen bellte, erklärten alle Zuschauer Zamore zum Vestris der Hunde und zum Gott des Tanzes. Unser Künstler hatte ein Menuett, eine Jig und einen *Deux aufgeführt Temps* Walzer. Zu den vierbeinigen Zuschauern hatten sich zahlreiche zweibeinige Zuschauer gesellt, und Zamore genoss die Ehre , von Menschenhand beklatscht zu werden .

Das Tanzen wurde für ihn so zur Gewohnheit, dass er, wenn er auf einem Jahrmarkt den Hof machte, sich auf seine Hinterbeine stellte, Verbeugungen machte und seine Zehen nach außen drehte wie ein Marquis des *Ancien Régime* . Das Einzige, was ihm fehlte, war der Federhut unter seinem Arm.

Abgesehen davon war er so hypochondrisch wie ein Komödiant und nahm am Leben des Haushalts nicht teil. Er rührte sich nur, wenn er sah, dass sein Herr Hut und Stock aufhob. Zamore starb an einer Gehirnentzündung, die zweifellos durch die Überanstrengung beim Erlernen des Schottischen verursacht wurde, das damals auf dem Höhepunkt seiner Popularität war. Zamore wird in seinem Grab vielleicht sagen, wie die griechische Tänzerin in ihrem Epitaph sagt: „Erde, ruhe leicht auf mir, denn ich ruhte leicht auf dir."

Wie kam es, dass Zamore trotz seines Talents nicht in Corvis Gesellschaft aufgenommen wurde ? Denn ich war schon damals als Kritiker einflussreich genug, um dies für ihn zu bewerkstelligen. Zamore jedoch wollte seinen Meister nicht verlassen und opferte seine Eigenliebe seiner Zuneigung, ein Beweis der Hingabe, den man bei Männern vergeblich suchen würde.

Ein Sänger namens Kobold, ein reinrassiger King Charles aus der berühmten Zucht von Lord Lauder, nahm den Platz des Tänzers ein. Es war ein merkwürdiges kleines Tier mit einer enormen vorspringenden Stirn, großen Glubschaugen, einer an der Wurzel abgebrochenen Nase und langen, am Boden hängenden Ohren. Als Kobold nach Frankreich gebracht wurde , konnte er keine andere Sprache als Englisch und war völlig verwirrt. Er konnte die ihm gegebenen Befehle nicht verstehen; obwohl er darauf trainiert war, auf „Weiter“ oder „Komm her“ zu antworten, blieb er reglos, wenn man ihm auf Französisch „ Viens “ oder „ Va-t'en “ sagte . Er brauchte ein Jahr, um die Sprache des neuen Landes zu lernen, in dem er sich befand, und sich an der Unterhaltung zu beteiligen. Kobold war sehr musikbegeistert und sang selbst kleine Lieder mit einem sehr starken englischen Akzent. Wenn er das A auf dem Klavier anschlug, traf er die Note genau und modulierte mit einem flötenähnlichen Klang Phrasen, die wirklich musikalisch waren und überhaupt nichts mit Bellen oder Kläffen zu tun hatten. Wenn wir ihn dazu bringen wollten, weiterzusingen, brauchten wir nur zu sagen: „Sing noch ein bisschen“, und er wiederholte die Kadenz. Obwohl er mit größter Sorgfalt gefüttert wurde, wie es sich für einen Tenorsänger und so vornehmen Gentleman gehört , hatte Kobold eine exzentrische Vorliebe: Er fraß Erde wie ein südamerikanischer Wilder. Es gelang uns nie, ihn von dieser Angewohnheit zu heilen, die die Ursache seines Todes war. Er mochte die Stallburschen, die Pferde und den Stall sehr, und meine Ponys hatten keinen ständigeren Begleiter als ihn . Er verbrachte seine Zeit zwischen ihren Boxen und dem Klavier.

Nach Kobold, dem King Charles, kam Myrza , ein winziger Havanna-Pudel, der die Ehre hatte , eine Zeit lang Eigentum von Giulia Grisi zu sein , die ihn mir schenkte . Sie ist schneeweiß , besonders wenn sie frisch aus dem Bad kommt und noch keine Zeit hatte, sich im Staub zu wälzen, eine Vorliebe, die manche Hunde mit staubliebenden Vögeln teilen. Sie ist äußerst sanft und anhänglich und hat das sanfte Temperament einer Taube. Ihr kleines flauschiges Gesicht, ihre zwei kleinen Augen, die man für Polsternägel halten könnte, und ihre kleine Nase, die wie eine Piemont-Trüffel aussieht, sind höchst komisch. Haarbüschel, lockig wie Astrachanpelz, fallen ihr auf die malerischste und unerwartetste Weise ins Gesicht und verdecken erst das eine und dann das andere Auge, sodass sie das merkwürdigste Aussehen hat, das man sich vorstellen kann, und blinzelt wie ein Chamäleon.

Bei Myrza imitiert die Natur das Künstliche so perfekt, dass das kleine Wesen aussieht, als käme es aus einem Spielzeugladen . Wenn ihr Fell schön gelockt ist und sie ihre blaue Schleife und ihr silbernes Glöckchen trägt, sieht sie aus wie ein Spielzeughund, und wenn sie bellt, fragt man sich unweigerlich, ob sie einen Blasebalg unter den Pfoten hat.

Sie verbringt drei Viertel ihrer Zeit schlafend, und ihr Leben würde sich nicht wesentlich ändern, wenn sie ausgestopft wäre, auch im alltäglichen Leben scheint sie nicht besonders klug zu sein. Und doch legte sie eines Tages eine Intelligenz an den Tag, die meiner Erfahrung nach absolut beispiellos ist . Bonnegrâce , der Maler der Porträts von Tchoumakoff und EH, die auf den Ausstellungen so viel Aufmerksamkeit erregten, hatte mir, um meine Meinung dazu zu hören, eines seiner Porträts gebracht, das im Stil von Pagnest gemalt war und sich durch seine wahrheitsgetreue Farbgebung und Kraft der Modellierung auszeichnet. Obwohl ich in engster Vertrautheit mit Tieren gelebt habe und hundert Merkmale des Einfallsreichtums, der Vernunft und der philosophischen Fähigkeiten von Katzen, Hunden und Vögeln nennen könnte, muss ich gestehen, dass Tieren jeglicher Sinn für Kunst fehlt. Nie habe ich auch nur ein einziges Tier ein Bild bemerken sehen, und die Geschichte von den Vögeln, die auf dem Gemälde von Zeuxis an den Trauben pickten, kommt mir wie eine Erfindung vor. Es ist gerade der Sinn für Ornamente und Kunst, der den Menschen vom Vieh unterscheidet. Hunde sehen sich nie Bilder an und ziehen nie Ohrringe an. Als Myrza das Porträt sah, das Bonnegrâce an die Wand gestellt hatte , sprang sie von dem Hocker, auf dem sie zusammengerollt lag, stürzte sich auf die Leinwand und bellte sie wütend an, um den Fremden zu beißen, der ins Zimmer gekommen war. Sie war sehr überrascht, als sie erkennen musste, dass sie eine ebene Fläche vor sich hatte, die ihre Zähne nicht fassen konnten und die nichts weiter als eine eitle Vorstellung war. Sie beschnüffelte das Bild, versuchte, sich hinter den Rahmen zu drängen, sah uns beide mit einem Blick voller Fragen und Verwunderung an und kehrte an ihren Platz zurück, wo sie verächtlich wieder einschlief und sich weigerte, noch etwas mit dem gemalten Individuum zu tun zu haben. Myrzas Züge werden der Nachwelt nicht verloren gehen, denn es gibt ein schönes Porträt von ihr vom ungarischen Künstler Victor Madarasz .

Zum Schluss möchte ich mit der Geschichte von Dash schließen. Eines Tages hielt ein Händler für zerbrochene Flaschen und Glas an meiner Tür, der nach solchen Waren suchte. Er hatte in seinem Karren einen drei oder vier Monate alten Welpen, den er ertränken sollte, was den ehrenwerten Kerl sehr betrübte, denn der Hund sah ihn ständig mit zärtlichem und flehendem Blick an, als wüsste er genau, was passieren würde. Der Grund für das harte Urteil über den Welpen war, dass er sich die Vorderpfote gebrochen hatte . Mein Herz war voller Mitleid mit ihm, und ich kümmerte mich um das verurteilte Geschöpf, rief einen Tierarzt und ließ Dashs Pfote schienen und verbinden. Es war jedoch unmöglich, ihn davon abzuhalten, an den Verbänden zu nagen; die Pfote konnte nicht geheilt werden , und da die Knochen nicht zusammengewachsen waren, hing sie schlaff herab wie der Ärmel eines Mannes, der einen Arm verloren hat. Seine Gebrechlichkeit hinderte ihn jedoch nicht daran, fröhlich, lebhaft und voller Spaß zu sein, und er schaffte es, auf seinen drei Beinen ziemlich schnell herumzurennen.

Er war ein durch und durch Straßenhund, ein kleiner Schurkenköter, den Buffon selbst nicht hätte einordnen können. Er war hässlich, aber seine Gesichtszüge waren ungewöhnlich beweglich und sprühten vor Klugheit. Er schien zu verstehen, was man ihm sagte , und sein Ausdruck änderte sich, je nachdem, ob die an ihn gerichteten Worte im gleichen Tonfall schmeichelhaft oder verletzend waren. Er rollte mit den Augen, verzog die Lippen, gab sich den wildesten nervösen Zuckungen hin oder grinste und zeigte seine weißen Zähne, wodurch er höchst komische Effekte erzielte, derer er sich durchaus bewusst war. Er versuchte oft zu sprechen; er legte seine Pfote auf mein Knie, fixierte mich mit seinem ernsten Blick und begann eine Reihe von Murmeln, Seufzen und Grunzen, deren Betonung so unterschiedlich war, dass es schwer war, sie nicht als Sprache zu erkennen . Manchmal brach Dash im Verlauf eines Gesprächs dieser Art in ein Bellen oder Kläffen aus, und dann sah ich ihn streng an und sagte: „Das ist Bellen, kein Sprechen." Ist es möglich, dass du ein Tier bist?" Dash, der sich durch diese Andeutung gedemütigt fühlte, fuhr mit seiner Lautäußerung fort und gab ihr den mitleiderregendsten Ausdruck. Wir pflegten damals zu sagen, dass Dash seine Leidensgeschichte erzählte.

Er war ein leidenschaftlicher Zuckerliebhaber, und wenn zum Nachtisch Kaffee gereicht wurde , bat er jeden Gast so hartnäckig um ein Stück, dass er immer Erfolg hatte. Schließlich verwandelte er dieses bloß wohlwollende Geschenk in eine regelrechte Steuer, die er mit unfehlbarer Regelmäßigkeit eintrieb. Er war nur ein kleiner Mischling, doch hatte er neben der Gestalt eines Thersites die Seele eines Achilles. Obwohl er gebrechlich war, griff er mit wahnsinnig heroischem Mut Hunde an, die zehnmal so groß waren wie er, und wurde regelmäßig und schrecklich von ihnen verprügelt . Wie Don Quijote, der tapfere Ritter von La Mancha, brach er triumphierend auf und kehrte in schlimmster Lage zurück. Ach! Er war dazu bestimmt, seinem eigenen Mut zum Opfer zu fallen. Vor einigen Monaten wurde er mit einem gebrochenen Rücken nach Hause gebracht, das Werk eines Neufundländers, eines liebenswürdigen Tiers, das am nächsten Tag einem kleinen Windhund denselben Streich spielte.

Dashs Tod war die erste einer Reihe von Katastrophen: Die Hausherrin des Hauses, in dem er den Todesstoß erlitt , wurde wenige Tage später bei lebendigem Leib in ihrem Bett verbrannt, und das gleiche Schicksal ereilte ihren Mann, der versuchte, sie zu retten. Dies war lediglich ein fataler Zufall und keineswegs eine Sühne, denn diese Menschen waren die freundlichsten und tierliebsten wie ein Brahmane, und außerdem waren sie völlig unschuldig am tragischen Schicksal unseres armen Dash.

Es stimmt, dass ich noch einen anderen Hund habe, der heißt Nero, aber er ist erst seit kurzem bei uns zu Hause, um eine eigene Geschichte zu haben.

(ANMERKUNG: Leider wurde Nero erst vor kurzem vergiftet, als hätte er mit den Borgias zu Abend gegessen, und seine Grabinschrift steht im allerersten Kapitel seines Lebens.)

V
MEINE PFERDE

SOLL MICH NUN BEIM ANBLICK DIESER ÜBERSCHRIFT nicht vorschnell als Angeber bezeichnen. Pferde! Das ist ein anmaßendes Wort für einen Literaten! *Musa pedestris* , sagt Horaz, das heißt, die Muse geht zu Fuß, und selbst der Parnass hat nur ein Pferd im Stall, den Pegasus. Außerdem ist er ein geflügeltes Ross und im Geschirr keineswegs ruhig, wenn wir dem Glauben schenken dürfen, was Schiller uns in seiner Ballade erzählt. Ich bin leider kein Sportler, und das bedauere ich zutiefst, denn ich liebe Pferde, als hätte ich fünfhunderttausend im Jahr, und ich bin ganz der Meinung der Araber, was Fußgänger betrifft. Das Pferd ist des Menschen natürlicher Untersatz, und das einzig vollständige Wesen ist der Kentaur, den die Mythologie so geistreich erfunden hat.

Dennoch habe ich, obwohl ich nur ein Literat bin, Pferde besessen. Im Jahre 1843 oder 1844 fand ich im Goldstaub des Journalismus, der in der hölzernen Pfanne des *Feuilletons ausgewaschen worden war* , eine ausreichende Menge Goldstaub, um die Hoffnung zu rechtfertigen, dass ich außer meinen Katzen, Hunden und Elstern auch ein paar größere Tiere füttern könnte. Ich hatte zuerst ein paar Shetlandponys, so groß wie große Hunde, haarig wie Bären, nur Mähne und Schweif, und die mich durch ihr langes schwarzes Haar so freundlich ansahen, dass ich sie eher ins Wohnzimmer führen als in den Stall schicken wollte. Sie nahmen mir Zucker aus der Tasche wie dressierte Pferde. Aber sie erwiesen sich als entschieden zu klein; sie hätten als Reitpferde für englische Kinder im Alter von acht Jahren oder als Kutschenpferde für Tom Thumb gedient, aber ich erfreute mich bereits an dem athletischen und stämmigen Körperbau, für den ich berühmt bin und der es mir ermöglicht hat, vierzig Jahre lang ununterbrochen als Kopierer durchzuhalten, ohne zu sehr unter der Last zu brechen. Der Unterschied zwischen dem Besitzer und den Tieren war zweifellos zu auffällig, obwohl die kleinen schwarzen Ponys den leichten Phaeton, an den sie angespannt waren, mit einem sehr lebhaften Gang zogen, mit dem zierlichsten hellbraunen Geschirr, das aussah, als wäre es in einem Spielzeugladen gekauft worden .

Comic-Illustrierte gab es damals nicht so viele wie heute, aber es gab genug, um Karikaturen von mir und meinen Pferden zu veröffentlichen. Es versteht sich von selbst, dass ich, unter Ausnutzung des Spielraums für Karikaturen, mit elefantenhafter Statur und Erscheinung dargestellt wurde , wie der Gott Ganesa, der hinduistische Gott der Weisheit, und dass meine Ponys nicht größer als Pudel, Ratten oder Mäuse waren. Es stimmt auch, dass ich meine beiden Pferde ohne weiteres hätte tragen können, eines unter jedem Arm, und die Kutsche auf meinem Rücken. Einen Moment lang dachte ich tatsächlich daran, ein Pony mit vier Zügeln zu haben, aber eine solche liliputanische Equipage hätte nur mehr Aufmerksamkeit erregt. Zu meinem großen Bedauern, denn ich hatte sie bereits lieb gewonnen, ersetzte ich meine Shetlandponys durch zwei größere Apfelschimmel-Kolben mit kräftigen Hälsen, breiter Brust, kräftig und gut gebaut , die zweifellos keine Mecklenburger waren , aber eindeutig besser geeignet, mich hinter mir herzuziehen. Es waren beide Stuten, die eine hieß Jane, die andere Betsy. Äußerlich waren sie sich ähnlich wie ein Ei dem anderen, und anscheinend gab es nie ein besser zusammenpassendes Paar. Aber Betsy war so faul, wie Jane es wollte. Während die eine gleichmäßig zog, war die andere damit zufrieden, dahinzutraben, sich zu schonen und darauf zu achten, nichts zu tun. Diese beiden Tiere, von derselben Rasse, im selben Alter und dazu bestimmt, im selben Stall zu leben, hegten die lebhafteste Abneigung gegeneinander. Sie konnten einander nicht ausstehen, kämpften im Stall und bissen sich gegenseitig, als sie sich im Geschirr aufbäumten. Es war unmöglich, sie zu versöhnen, was schade war, denn mit ihren Schweinsmähnen, wie die der Pferde auf dem Parthenon-Fries, ihren zitternden Nüstern und ihren vor Wut geweiteten Augen sahen sie ungewöhnlich hübsch aus, wenn sie die Avenue des Champs-Élysées hinauf- oder hinuntergetrieben wurden . Für Betsy musste ein Ersatz gefunden werden , und eine kleine Stute, etwas heller gefärbt , da es unmöglich gewesen war, sie genau aufeinander abzustimmen, wurde herbeigebracht. Jane hieß die Neuankömmling sofort willkommen und erwies ihr die Ehre des Stalles aufs liebenswürdigste, und bald wurden sie enge Freunde. Jane legte ihren Kopf auf Blanches Nacken – sie wurde so genannt, weil ihr graues Fell ziemlich weißlich war – und wenn sie nach dem Abreiben im Hof freigelassen wurden, spielten sie wie zwei Hunde oder Kinder miteinander. Wenn einer von ihnen zum Fahren mitgenommen wurde, war der im Stall zurückgebliebene offensichtlich ermüdend für sie, und sobald sie in der Ferne das Geräusch der Hufe ihrer Gefährtin auf den Pflastersteinen hörte , stieß sie ein freudiges Wiehern wie ein Trompetenstoß aus, auf das die andere, als sie näher kam, nicht versäumte zu antworten.

Sie kamen mit erstaunlicher Fügsamkeit heran, um angeschirrt zu werden , und nahmen von selbst ihren richtigen Platz an der Stange ein. Wie alle Tiere, die geliebt und gut behandelt werden, wurden Jane und Blanche bald sehr vertraut und vertrauensvoll. Sie folgten mir ohne Zügel oder Halfter wie der besterzogene Hund, und wenn ich anhielt, steckten sie ihre Nasen in meine Schulter, um gestreichelt zu werden. Jane liebte Brot und Blanche Zucker, und beide waren verrückt nach Melonenschalen. Für diese Leckereien konnte ich sie alles tun lassen.

Wäre der Mensch nicht so abscheulich brutal und wild, wie er sich den Tieren gegenüber allzu oft zeigt, würden sie sich mit größter Freude an ihn klammern. Ihr trübes Gehirn ist erfüllt von dem Gedanken an dieses Wesen, das denkt, spricht und Dinge tut, deren Bedeutung ihnen entgeht; es ist für sie ein Mysterium und ein Wunder. Sie werden Sie oft mit Augen voller Fragen ansehen, die Sie nicht beantworten können, denn der Schlüssel zu ihrer Sprache ist noch nicht gefunden . Doch sie verfügen über eine Sprache, die es ihnen ermöglicht, mit Hilfe von Betonungen, die der Mensch noch nicht bemerkt hat, Ideen auszutauschen, die zwar rudimentär sind, aber von der Art sind, wie sie von Lebewesen in ihrem Handlungs- und Gefühlsbereich erfasst werden können. Weniger dumm als wir, gelingt es den Tieren, ein paar Worte unserer Sprache zu verstehen, aber nicht genug, um sich mit uns unterhalten zu können. Außerdem wäre die Unterhaltung kurz, da sich die Worte, die sie lernen, ausschließlich auf das beziehen, was wir von ihnen verlangen . Aber dass Tiere sprechen, kann niemand bezweifeln , der in irgendeiner Form mit Hunden, Katzen, Pferden oder anderen Lebewesen dieser Art gelebt hat.

Jane zum Beispiel war von Natur aus unerschrocken; sie weigerte sich nie, und nichts machte ihr Angst, aber nach ein paar Monaten des Zusammenlebens mit Blanche änderte sich ihr Charakter und sie zeigte manchmal plötzliche und unerklärliche Angst. Ihre Gefährtin, die viel weniger mutig war, muss ihr nachts Geistergeschichten erzählt haben. Wenn wir in der Dämmerung oder nach Einbruch der Dunkelheit durch den Bois de Boulogne gingen, blieb Blanche oft abrupt stehen oder scheute, als ob ein für mich unsichtbares Gespenst vor ihr aufgetaucht wäre. Sie zitterte an allen Gliedern, atmete schwer und brach in Schweiß aus. Wenn ich versuchte, sie mit der Peitsche vorwärts zu treiben, wich sie zurück, und alles, was Jane tun konnte, so stark sie auch war, reichte nicht aus, um sie zum Weitergehen zu bewegen. Einer von uns musste absteigen, ihre Augen mit der Hand bedecken und sie führen, bis die Vision verschwunden war. Nach und nach wurde Jane von derselben Angst erfasst, deren Grund Blanche ihr zweifellos erzählte, als sie wieder in ihrem Stall waren. Ich kann ebenso gut gestehen, dass ich, wenn ich eine dunkle Straße entlangfuhr, auf der das Mondlicht einen Wechsel von Licht und Schatten erzeugte, und Blanche plötzlich wie angewurzelt stehen blieb, als sei ihr ein Gespenst an den Kopf gesprungen, und sich weigerte, sich zu rühren – sie, die sonst so sanftmütig war, dass Königin Mabs Peitsche, die aus einem Grillenknochen mit einem Spinnenfaden als Riemen bestand, ausreichte, um sie in einen Galopp zu versetzen –, ein leichtes Schaudern nicht unterdrücken oder es unterlassen konnte, ziemlich ängstlich in die Dunkelheit zu spähen, während mir manchmal die harmlosen Stämme der Eschen oder Birken so gespenstisch vorkamen wie eine von Goyas „Capriccios".

Ich hatte große Freude daran, diese lieben Tiere selbst zu lenken, und bald wurden wir sehr vertraut. Es war nur eine Frage der Form, dass ich die Zügel hielt, denn ein leises Schnalzen genügte, um sie zu lenken, sie nach rechts oder links zu wenden, sie schneller zu machen oder anzuhalten. Sie lernten schnell alle meine Gewohnheiten und machten sich von selbst auf den Weg ins Büro, zur Druckerei, zum Verlag, in den Bois de Boulogne und zu den Häusern, in denen ich an bestimmten Wochentagen zum Abendessen ging, und zwar so genau, dass sie mich schließlich kompromittiert hätten, denn sie hätten mir die Orte verraten, denen ich die geheimnisvollsten Besuche abstattete. Wenn ich im Laufe eines interessanten oder zärtlichen Gesprächs zufällig die Zeit vergaß, erinnerten sie mich durch Wiehern oder Scharren vor dem Balkon daran, dass es spät wurde.

Obwohl es mir großen Spaß machte, in dem von meinen beiden Freunden gezogenen Phaeton durch die Stadt zu fahren, musste ich manchmal den scharfen Nordwind und den kalten Regen empfanden, wenn die Monate kamen, die im republikanischen Kalender so treffend als Monate des Nebels, des Frosts, des Regens, des Windes und des Schnees bezeichnet wurden (brumaire , frimaire , pluviôse , ventôse , nivôse). Also kaufte ich mir ein kleines blaues Coupé mit weißem Ripsfutter, das der Equipage des berühmten Zwergs jener Zeit ähnelte , eine Unverschämtheit, die mir nichts ausmachte. Auf das blaue Coupé folgte ein braunes mit granatrotem Futter, das wiederum durch ein dunkelgrünes mit dunkelblauem Futter ersetzt wurde, denn ich, armer Zeitungsjournalist und ohne Staatsanleihen, fuhr tatsächlich fünf oder sechs Jahre lang eine Kutsche. Und meine Ponys waren nichtsdestotrotz fett und in gutem Zustand, obwohl sie mit Literatur gefüttert wurden, Substantive für Hafer, Adjektive für Heu und Adverbien für Stroh hatten. Aber ach! Dann kam, niemand weiß genau warum, im Februar die Revolution; sehr viele Pflastersteine wurden aus patriotischen Gründen aufgesammelt, und Paris wurde für Kutschenfahrten ziemlich ungeeignet. Natürlich hätte ich mit meinen wendigen Rossen und meiner leichten Kutsche die Barrikaden erklimmen können, aber nur in der Garküche konnte ich Kredit bekommen, und ich konnte meine Pferde unmöglich mit Brathähnchen füttern. Der Horizont war dunkel von schweren Wolken, durch die rote Schimmer schimmerten. Das Geld hatte Angst bekommen und war untergetaucht; die *Presse* , bei der ich angestellt war, hatte ihr Erscheinen eingestellt, und ich war froh genug, jemanden zu finden, der bereit war, meine Pferde, das Geschirr und die Kutschen für ein Viertel ihres Wertes zu kaufen. Es war ein bitterer Kummer für mich, und ich wage nicht zu behaupten, dass mir keine Tränen über die Wangen liefen und auf die Mähnen von Jane und Blanche fielen, als sie weggeführt wurden . Manchmal fuhr ihr neuer Besitzer am Haus vorbei; ich erkannte ihren schnellen, scharfen Trab immer schon aus der Ferne, und immer bewies die plötzliche Art, wie sie unter meinen Fenstern anhielten, dass sie den Ort nicht vergessen hatten, an dem sie so zärtlich geliebt und so gut versorgt worden waren, und ich stieß einen Seufzer aus, während ich zu mir selbst sagte: „Arme Jane, arme Blanche! Ich frage mich, ob sie glücklich sind.“

Und der Verlust dieser beiden war das Einzige, was mich schmerzte, als ich mein kleines Vermögen verlor.